APPEL

De la Société l'Union - protectrice

A TOUS LES

PARTISANS ET AMIS

DU

MAGNÉTISME

PROTESTATION

EN FAVEUR DE LA LIBRE MANIFESTATION DES CROYANCES, ET DE LA LIBRE
APPLICATION DE LA SCIENCE DE **MESMER**,

Pour servir

A LA DÉFENSE DU SOMNAMBULISME.

(25 Juillet 1850.)

Prix : 10 centimes.

PARIS

CHEZ M. MONGRUEL, PRÉSIDENT DE LA SOCIÉTÉ,

Rue des Beaux - Arts, 5,

ET CHEZ LES LIBRAIRES.

APPEL

A

TOUS LES PARTISANS ET AMIS

DU MAGNÉTISME.

Malgré toutes les difficultés, malgré des procès incessants, malgré tout, depuis un demi-siècle, le Magnétisme a fait d'incomparables progrès : il compte aujourd'hui d'innombrables partisans : dans le peuple, par les habitudes prises ; dans la presse, la littérature et le théâtre, où aucune voix ne lui est plus hostile, où la presque unanimité lui est favorable ; dans le corps médical, qui a depuis longtemps abandonné la lutte ; dans le monde savant, conquis à peu près sans exception ; dans la magistrature, éclairée par l'authenticité des enquêtes ; dans le clergé, le proclamant, après lentes et multiples méditations, du haut de la chaire évangélique, etc.

Il y aurait trop de faits à énumérer comme preuves : lois de cinq gouvernements ; enquêtes et décisions d'académies, de congrès et sociétés savantes ; milliers de livres spéciaux ; journaux sans nombre ; universalités historiques ; autorités religieuses ; conquêtes et progrès des sciences ; hauts patronages ; etc. : tous les éléments de la démonstration et de la certitude faisant préjuger plus que la réalité, l'*indispensable* existence de cette vérité éternelle de la subalternisation du physique au moral, autrement dire du Magnétisme.

Et cependant, des somnambules, des magnétiseurs, des médecins dirigeant, sont, en ce moment, sous le coup de poursuites motivées sur les textes ci-après :

Art. 405 du Code pénal : Quiconque, en faisant usage de fausses qualités, pour persuader l'existence d'un pouvoir imaginaire, pour faire naître l'espérance ou la crainte d'un accident ou de tout autre événement chimérique , aura , par ces moyens , reçu ou tenté d'obtenir partie ou totalité du bien d'autrui, sera puni : ... prison, un à cinq ans ; amende, 50 à 3,000 fr. ; interdiction de droits civils et de famille, cinq à dix ans !

[Peuvent être considérés comme *fausse qualité*, comme *pouvoir imaginaire*, la *qualité* de magnétiseur ou de somnambule, le *pouvoir* d'endormir, de guérir, de mesmériser, etc., celui de la lucidité, sous quelque forme que ce soit ; et, les *espérances* à en faire découler, comme *espérances chimériques*.]

Art. 479, n° 7, 480, n° 4 et 481 n° 2 du Code pénal : Défense de pronostiquer l'avenir, d'expliquer les songes et de faire métier de deviner ; sous peine d'amende, de prison et de confiscation !

[Sont considérées comme infractions à ces articles , toute prévision somnambulique ou autre ; toute prévision médicale ; toute recherche, toute interprétation divinatoire ; toute lucidité magnétique.]

Art. 35 et 36, loi du 19 ventôse an xi, relative à l'art de guérir sans titre, comminant une peine de 500 à 1,000 francs d'amende.

[Exercer l'art de guérir, c'est toute *tentative* de guérir, *par quelque moyen que ce soit*. — Jugement du 25 février 1841, tribunal correctionnel de la Seine, 6° chambre.]

Avec de pareilles applications de la loi, quiconque, par ses actes, ses gestes, ses paroles, ses écrits, etc., aura concouru aux infractions ci-dessus, sera donc englobé de fait, soit comme fauteur, soit comme perpétrateur ou complice dans les poursuites qui se commencent, et dont nous avons eu connaissance le 17 juillet seulement.

En cette occurrence, la circulaire suivante fut envoyée le même jour à toutes les personnes que le Magnétisme doit intéresser plus particulièrement, et dont nous pûmes nous procurer les adresses.

M.

« Des poursuites sont, en ce moment, dirigées d'office, par le parquet de Paris, contre un certain nombre de Magnétiseurs et de Somnambules ; et bientôt, sans doute, les parquets de province suivront la même voie, si nul obstacle ne s'oppose aux prétentions exorbitantes, ridicules aujourd'hui, des lois surannées dont on veut ressusciter l'application.

« Le Magnétisme, luttant sans cesse contre des détracteurs nombreux et puissants, s'est acquis, dans ces dernières années, trop de prosélytes pour succomber maintenant sous les coups répétés que lui portent, dans l'ombre, ses véritables, ses mortels ennemis. La vérité appartient à tous. Les facultés que la Providence nous a départies (quoiqu'un grand nombre s'obstinent à les méconnaître), il ne dépend point des hommes d'empêcher qu'elles se révèlent par des phénomènes naturels ; et prétendre en interdire la production, c'est vouloir élever, contre la Nature, un droit impie ; c'est vouloir ouvrir une lutte impossible à soutenir.

« Non, la foi nouvelle ne peut tomber, quoi qu'on fasse pour en empêcher la propagation. Que tous ses apôtres s'unissent et se concertent pour en défendre le libre exercice, et ils triompheront des profanes persécutions auxquelles elle est en butte. Mais il est temps que toutes les personnes qui s'intéressent à la science, Magnétistes et Magnétiseurs, Praticiens et Amateurs, Somnambules et Adeptes du Magnétisme, à quelque titre que ce soit, il est temps, il est urgent que tous se rapprochent pour s'entendre sur le meilleur parti à prendre, dans le but de conjurer le danger commun.

« On fait au Somnambulisme aujourd'hui, on fera demain au Magnétisme des procès d'intimidation et de tendance ; unissons-nous dans une pensée commune, formons une alliance défensive, et bientôt mille influences viendront annihiler les efforts de nos adversaires et les rejeter à cent lieues du but qu'ils poursuivent. Les persécutions n'ont jamais servi qu'à grandir les croyances : les martyrs ont fait des milliers de catholiques, et les massacres d'Alby des milliers de protestants. Il en sera de même du Magnétisme, si des hommes fermes et convaincus savent opposer l'énergie de leur caractère et de leur conviction aux obstacles de toute nature que pourraient lui susciter l'égoïsme, la jalousie et toutes les mauvaises passions.

« C'est, imbus de ces pensées, et persuadés depuis longtemps de l'utilité d'une confraternité étroite entre tous les partisans du Magnétisme, que nous avons pris l'initiative d'une première convocation.

« Nous convions tous les Magnétistes, Magnétiseurs, Somnambules des deux sexes, Partisans, Amis et Protecteurs de la science, à se réunir, samedi soir, 20 juillet, etc.... »

La réunion ainsi improvisée a nommé une commission de huit membres, composant un bureau provisoire, qui a reçu mission d'intervenir pour la défense des dix ou douze somnambules attaquées alors. Ensuite elle a jeté les bases d'une grande association fraternelle sous ce titre : l'*Union-protectrice*. Puis, elle a décidé que l'appel serait continué, que des statuts seraient élaborés pour être soumis à l'Autorité, à l'effet d'obtenir la permission de se rassembler périodiquement.

La Société a déclaré, en outre, qu'elle était décidée à respecter toute loi existante, comme aussi à épuiser tous les moyens de droit pour faire prévaloir la vérité.

Il a été décidé encore que les notabilités du Barreau de Paris seraient appelées à examiner :

1° Si, à côté des moyens frauduleux, à côté des escroqueries INTENTIONNELLES, sagement prévus par les lois sus-invoquées, il n'y aurait pas (malgré le refus d'examen peut-être intéressé de certain corps savant), quelque chose de scientifique, de médical et de religieux à la fois ; quelque faculté difficile à dénommer, aussi réelle que morale et manifeste, acceptée par nos mœurs, indispensable à cent titres divers, où ne se trouve rien de ce qui constitue l'intention de tromper ;

2° Si les paroles prononcées en rêve, pendant le sommeil naturel ou artificiel, dans les moments d'illumination qui précèdent souvent l'agonie, pendant le délire de la fièvre, durant l'ivresse de la passion, dans l'inspiration du génie, etc., emportent avec elles une responsabilité pour ceux qui les prononcent, si elles n'échappent point par leur origine exempte de fraude aux applications de toute pénalité ;

3° Si les avis et opinions formulés sur une question quelconque, soit médicale, soit de prévision, donnés en tant que simples conseils, et non comme affirmation, et, sauf toute liberté d'acceptation ou de rejet, doivent être assimilés aux cas en question ;

4° Si les phénomènes présentés sans garantie, avec des chances de non succès, sous forme d'expériences, d'amusement ou de science, de spectacle ou de jeux, de moyens plus ou moins soumis aux chances du hasard ou de l'intermittence, de l'adresse ou de tout autre moyen physique, entrent dans les mêmes catégories ;

5° Si la pénalité est possible, alors que liberté a été laissée après expérience, et que la rémunération a été volontairement faite en témoignage de satisfaction d'un plaisir reçu ;

6° Si la *nullité* prétendue des moyens employés n'est pas une garantie de leur *innocuité* ; que, par conséquent, on ne saurait attribuer à une cause imaginaire une action réelle, et que, là où il n'y a rien de produit, il ne saurait y avoir d'infraction, *à fortiori*, de pénalité ;

7° Si, entre autres considérations trop nombreuses à invoquer ici comme moyens de défense, la bonne foi démontrée ; l'universalité, la fréquence et la notoriété des faits ; l'absence d'enquêtes officielles et de jugements portés avec compétence sur la réalité des phénomènes contestés — quelqu'incompréhensibles qu'ils puissent paraître — ne suffiraient pas à soustraire le Magnétisme non-seulement à toute pénalité, mais encore à la juridiction d'un tribunal de simple police, évidemment organisé en vue d'infractions d'un tout autre ordre ;

8° Si l'application ainsi déviée de la loi, en ce dernier cas, n'est pas une atteinte portée à la liberté professionnelle, à la liberté des croyances et des religions, à la liberté de la manifestation de la pensée, à la liberté de faire le bien et d'accomplir certains devoirs d'humanité dans les limites de nos facultés naturelles, une entrave directe à la manifestation des perceptions de l'esprit humain ;

9° Si ces poursuites inattendues ne sont pas, à l'insu de ceux-là même qui en sont les moteurs, un dernier vestige de ces procès de sorcellerie dont notre siècle a fait justice ; une espèce d'inquisition civile, aux petites proportions, atteignant le côté spirituel de l'être ; une dernière révolte de la matière contre l'esprit ; le dernier mot du Paganisme contre le Christianisme, etc., etc.

C'est que cette question infime, de simple police à son origine, grandit à mesure qu'en l'étudiant on envisage sa portée. Quoi ! la pratique des soins, le signe des attentions, l'expression des vœux et des prières (car le magnétisme résume tout cela) seraient interdits, à la paternité et à la piété filiale, à l'amitié dévouée et à la compassion ! A l'homme, il ne serait pas même donné l'instinct du ciron et du vil animal ? Non, cela ne saurait être !

Que l'on rejette avec juste raison l'*Augurie*, l'*Aruspicie* etc., tous ces moyens matériels que la superstition accepte ; rien de mieux. Mais, est-ce à dire pour cela qu'il ne sera plus permis à l'âme d'avoir des pressentiments et des rêves, des visions et des songes ? Eh ! qui donc en saurait empêcher la production ? Quoi ! il ne serait plus permis de tirer du passé des inductions, et de prévoir les événements que la veille prépare au lendemain ! — Et par quel moyen pourrait-on empêcher cette opération de l'esprit qui élève l'homme au-dessus des autres êtres ?

Dénier la vertu soporifique et curative du magnétisme, la puissance de l'imposition des mains, l'action de la volonté, de l'imagination, de la prière, de la foi, etc. ; dénier la prévision, le pressentiment, l'interprétation des songes, l'intuition tout instinctive, aussi bien que la lucidité du somnambulisme, c'est vouloir rayer le monde spirituel ; c'est condamner les prophètes, les apôtres, les saints, les pères de l'Église, les béatifiés, c'est raturer l'Évangile ; c'est vouloir empêcher cette *pronostication* des livres saints qui dit : « Vos vieillards auront des visions et vos jeunes gens des songes ; l'humanité deviendra une famille de prophètes. »

En un mot, ce serait donner un démenti à la promesse de celui qui, « délivrant des maladies et des plaies, transmettant à ses disciples le pouvoir de guérir par l'imposition des mains, » prédisant que des prodiges seront opérés, a dit si positivement cette parole placée par la Loi en dehors des lois : « Celui qui croit en moi *fera* LUI-MÊME *les œuvres que je fais*, et en fera ENCORE de plus grandes. » (Évangile selon saint Jean, ch. XIV, verset 12.)

Ah ! quelle puissance pourra jamais empêcher ces révélations sublimes que certaines âmes reçoivent, à leur insu, du Dieu qui les créa ?

Si les choses humaines passent, les vérités ne passent point. Or, le magnétisme est la première entre toutes les vérités. Nous avons donc plus qu'espoir, nous avons certitude, si nous restons unis. de voir modifier, à l'égard de cette science, de cette religion, l'application de lois antérieures à sa découverte, et qui ne furent évidemment point rédigées pour l'atteindre.

Quant aux abus, s'il en existe, notre loyauté, notre persévé rance et nos efforts incessants sauront empêcher bientôt, nous l'espérons du moins, la reproduction de ceux qui se commettent sous son nom.

Nous faisons donc appel à tous les hommes sincères et consciencieux, à tous les partisans de la vérité naturelle, pour qui l'influence magnétique ne fait point doute ; nous les convions à notre œuvre de propagande, de foi humanitaire. Leur adhésion centuplera nos forces par la convergence d'idées, d'opinions, d'influences, de ressources de toute nature ; et, avec leur concours, nous nous sentirons assez forts pour poursuivre, par toutes voies légales et équitables, la défense et la propagation d'une croyance, d'une vérité si utile à l'humanité, qu'elle peut rendre la vie à la Société, la santé aux hommes, la foi, l'espérance et la charité aux nations ; tête de méduse pour le crime, égide protectrice de l'innocence et de la faiblesse ; source de religion et de moralité ; lien intermédiaire entre la terre et le ciel. Le R. P. Lacordaire, cet illustre dominicain, disait à ses conférences de Notre-Dame : « Le Magnétisme est une parcelle brisée d'un grand palais ; c'est le dernier rayon de la puissance Adamique, destinée à confondre la raison humaine et à l'humilier devant Dieu. »

Aux membres des sociétés magnétiques diverses qui répandent, pratiquent ou étudient la science, nous dirons : Ne serez-vous actifs que pour recueillir en paix et sans dangers les fruits honorifiques ou autres d'une culture dangereuse, dont les praticiens publics ont, à leurs risques, affronté les périls ? Continuerez-vous à récolter seuls, et sans le partage des frais, la semence de ce champ où d'autres laboureurs ont laborieusement tracé le sillon de l'opinion ? Serez-vous seuls à recueillir sans labeur, lorsque des apôtres militants ont semé la lumière de par le monde, la plupart reniés par vous, qui leur devez une partie de votre puissance ? Assisterez-vous impassibles à l'agonie du Somnambulisme, dont les phénomènes publics ont fait plus de convictions que toutes vos théories ensemble ? Non, vous ne pouvez, sans manquer à votre mandat, sans mentir à votre origine, sans perdre le prestige qui vous entoure, livrer à l'abandon le divin instrument de nos communs succès.

Vous viendrez à nous ; vos adhésions nous arriveront par centaines, et nos cœurs resteront ouverts pour recueillir quiconque viendra grossir le noyau de notre Société, appelée à éteindre toute rivalité et à réunir en un seul faisceau toutes les personnes des deux sexes qui s'intéressent à la science.

C'est vous tous donc, Membres des Sociétés mesmériennes, magnétistes, magnétiseurs, somnambules, amateurs, amis, adeptes, protecteurs et partisans du magnétisme, à quelque titre que ce soit ; vous qui, dans le monde entier, avez pour but de propager cette science, de la protéger et de la défendre contre les attaques injustes dont elle pourrait être l'objet ; vous qui aspirez à relever les hommes qui la pratiquent honorablement, en vous attachant à la recherche des abus dont elle peut être la cause ou le prétexte, et qui voulez en régler l'utile emploi par un pouvoir coërcitif, à la fois moral et matériel ; c'est vous tous enfin que nous convions à ce rendez-vous commun d'un congrès universel d'union, d'amour et de concorde, auquel doit participer, dans un avenir prochain, tout ce qui vit sur la terre de cette vie nouvelle que révèle le sacerdoce magnétique.

Écrivez-nous que vos sympathies nous sont acquises pour la sainte cause que nous défendons ; dites-nous que vos vœux nous accompagnent dans la croisade que nous avons hardiment entreprise ; assurez-nous votre concours moral et matériel pour le grand œuvre que nous poursuivons ; et bientôt nous montrerons à nos ennemis étonnés l'importance de cette force invincible qui remue toutes les fibres de la population des deux mondes ; l'étendue de cette puissance gigantesque, avec laquelle on n'a point assez compté, et qui, tantôt sous la dénomination de la foi et tantôt sous celle de la superstition, a traversé les siècles pour venir jusqu'à nous.

Les Membres de la commission , délégués :

MONGRUEL, IDJIEZ, BELLOT, JOUSSEN, DUPONT.

N. B. Les adhésions doivent être adressées *franco* à M. Lemaire, secrétaire-archiviste, rue des Beaux-Arts, 5, à Paris.

Paris. — Imprimerie SCHNEIDER, rue d'Erfurth, 1.